品種特性╳植栽照護，打造充滿個性的庭園

珍奇食蟲植物圖鑑

鈴木廣司／監修

平野威／攝影、編輯　曹茹蘋／譯

歡迎來到
食蟲植物的世界。

自然生長在缺乏養分的環境，
藉由捕食昆蟲來補充營養的食蟲植物。
其種類五花八門，
捕蟲方式也不盡相同，相當有趣。
另外，獨立完成演化的食蟲植物
外觀也充滿奇特的形態。
栽培之前只要先了解各品種的特性，
就能使其展現最美麗的樣貌。
首先就從找到自己
喜歡的食蟲植物開始吧。

我的食蟲植物
栽培方式

食蟲植物在園藝之中，
被稱為是愈接觸就愈感到深奧，
很容易深陷其中而無法自拔的領域。
以下介紹2位深愛食蟲植物，
且栽培了許多品種的愛好者。

想讓更多人知道
食蟲植物的魅力。

episode. 1　南Ako小姐

2

3

4

5

1.被形形色色的瓶子草圍繞。名為「Heli田」的庭院培育架是使用水槽冷卻器，讓溫度穩定的水不斷循環。　2.蓋在院子裡的1坪大玻璃溫室，取名為「Heli溫室」。　3.兒子和幸（7歲）打造的食蟲植物合植盆栽。　4.最喜歡豬籠草的南小姐。種植數量最多的是低地品種。5.溫室內排滿植株。

6.豬籠草除了扦插外，也有從種子開始栽培的。　7.繼雙子葉之後展開的本葉上，有著小小的囊袋。從子株時期開始就能觀賞到捕蟲袋。　8.溫室內也栽培了好幾株土瓶草。　9.原生地面臨危機的馬達加斯加豬籠草的子株。預計會讓雌株和雄株開花並交配，持續繁殖下去。

以「Helikko植物園（へりっこ植物園）」的頻道名稱，在YouTube上發布影片的南Ako小姐。從女性視角出發，以淺顯易懂的方式介紹食蟲植物的魅力和栽培方法。她開始種植食蟲植物是在11年前，當時看到二齒豬籠草的照片後深受吸引，於是到附近的園藝店買了店家賣不掉的植株。後來，她開始參加關西食蟲植物愛好會的聚會，從此對深奧的食蟲植物迷戀不已。除了在庭院裡蓋溫室，以豬籠草為主進行栽培，她還打造有水循環功能的培育架，種植瓶子草、茅膏菜、狸藻等各式各樣的種類。「食蟲植物可以收集許多種類，也可以專門種植某個種類或品種，每個人偏好的方式各不相同。」南小姐這麼表示。現在，她除了在YouTube發布影片外，也透過將食蟲植物融入花藝等方式，試著讓人們和常被視為特殊植物的食蟲植物更親近。

10

11

12

13

14

15

南小姐目前栽種的一小部分食蟲植物。　10.皇家紅捕蠅草。　11.被稱為小精靈的沃伯格狸藻。　12.小瓶子草，瓶口角度呈罕見的銳角。　13.兵庫縣立花卉中心技師土居寬文先生所培育出來的卡特思瓶子草·土居。14.瓶內有色斑的翼狀豬籠草。　15.萊佛士豬籠草的捕蟲袋有著波浪狀的翼，十分美麗。

喜愛手掌大小的
可愛食蟲植物。

episode. 2　市野澤真弓小姐

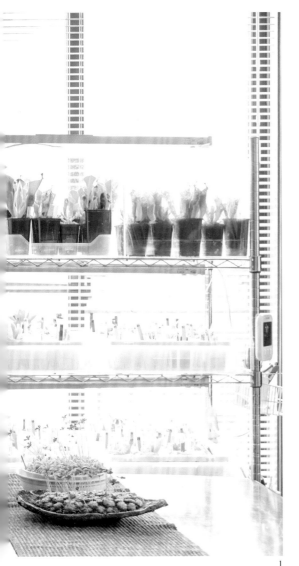

1.栽培架設置在日照充足的客廳窗邊，還安裝了LED燈。　2.統一使用白色盆器，排滿各種捕蟲堇。　3.長成群生株的圓切捕蟲堇。4.夏天用冷卻器進行溫度管理，並且開風扇增加對流。腰水的水每2週會更換一次。

5

6

7

8

5.將培養基放入布丁杯中，在無菌狀態下繁殖。　6.在可減少污染的罩子內，以經過殺菌的工具分株。　7.用手機拍照，然後在社群平台上發布消息。　8.做成附石盆栽的圓切捕蟲堇。

市野澤真弓小姐栽培食蟲植物已經8年，是以非常專業的手法在室內進行培育。她尤其喜歡會開出可愛花朵的捕蟲菫類，每天都在超過100種的品種圍繞下享受栽培樂趣。植株在有自然光照入的窗邊一字排開的景象充滿魄力。由於品種豐富，一整年都能欣賞美麗的花朵。市野澤小姐所收集的捕蟲菫是自然生長於中美洲山岳地帶的墨西哥體系。

「由於墨西哥捕蟲菫很怕炎熱的夏天，因此到現在還是常常會枯萎。不過，我已經把成功繁殖當成我的目標，所以會堅持栽培下去。」市野澤小姐笑道。除了採取葉插法和從種子開始栽培，她甚至還進行無菌培養，非常厲害。無菌培養在維持管理上不難，培育速度也很快，因此主要是用來栽培重要的植株。另外，她也積極使用人工授粉方式來培育交配種。熱心研究的市野澤小姐的食蟲植物生活將會一直持續下去。

9.首次進行交配的品種：立葉捕蟲菫×白花墨蘭捕蟲菫。　10.艾瑟氏捕蟲菫。被稱為入門種的品種，但奇怪的是不知為何就是種不好。　11.凹瓣捕蟲菫×石灰岩捕蟲菫的交配種。　12.因突然變異而出現的斑葉（*P. agnata×jaumavensis*）。　13.也有栽培各種土瓶草。名為BigBoy的品種有著迷人的黑色捕蟲袋。　14.囊袋交疊，生長狀態良好的土瓶草。

CONTENTS

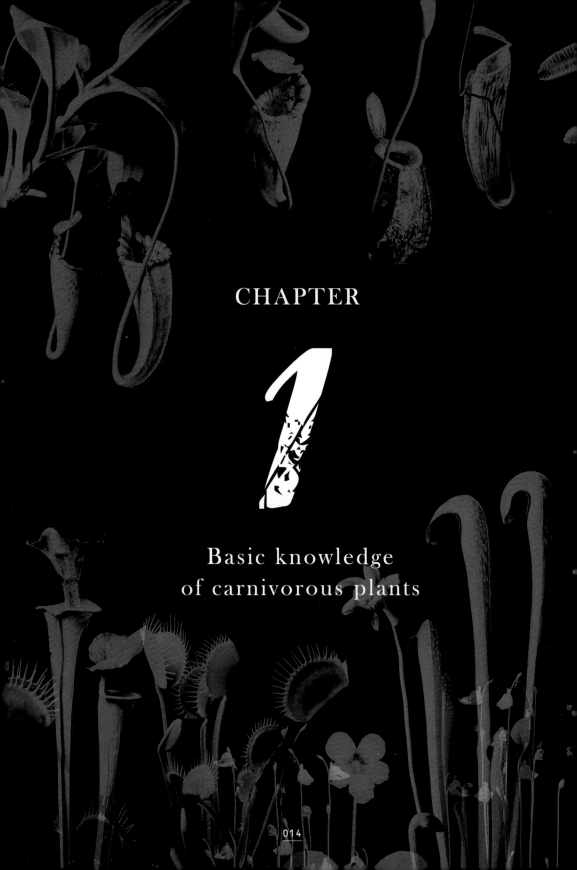

CHAPTER

1

Basic knowledge of carnivorous plants

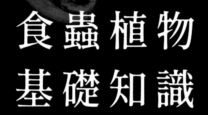

食蟲植物
基礎知識

食蟲植物分布於世界各地。首先必須了解食
蟲植物的定義和分類,再來探索其最具代表
性的奇妙捕蟲生態。另外,也要掌握原生地
的環境條件,才能栽培出良好的狀態。

Basic
Knowledge

食蟲植物是什麼樣的植物？

　　一如字面所示，食蟲植物是會吃蟲的植物。它們捕蟲之後將其加以消化、吸收，作為自身的養分。大致的定義如下。

1）捕捉昆蟲等小型生物。

2）利用自身所擁有的消化酵素或細菌的力量來消化獵物。

3）吸收經過消化的養分。

　　擁有1～3這類特質的植物會被分類為食蟲植物。舉例來說，捕蟲瞿麥莖梗末端的葉片下方會分泌黏液，能夠將蟲黏在這裡。可是因為捕蟲瞿麥不會消化吸收捕捉到的蟲子，所以不算是一種食蟲植物。這個黏液應該是用來防止那些對授粉毫無助益的螞蟻沿著莖往上爬到花朵。

　　然而在專家學者的持續研究下，發現在從前認為是食蟲植物的種類之中，也包含了幾乎不會產生消化酵素的種類，以及其實是吸收動物糞便或落葉而非昆蟲的種類，該定義因此變得模糊不清。所以，現在逐漸傾向將食蟲植物定義為「**能夠用根部以外的器官獲得營養，並因此得以在貧瘠土地上生長的植物**」。

　　在食蟲植物的分類上，目前已確認有12科19屬，總共超過800種的原生種。歸類為豬籠草屬、茅膏菜屬、瓶子草屬、捕蟲堇屬的品種都是食蟲植物，但也有些是只有體系內的一部分被歸類為食蟲植物。另外，捕蠅草、土瓶草、露葉毛氈苔則是1屬1種的植物。這些植物雖然都被分類為食蟲植物，其外觀和生態卻是千奇百怪，非常多樣。再加上又出現了許多交配種，因此現在有各式各樣的品種在市面上流通。

食蟲植物的分類

杜鵑花目	Sarraceniaceae　瓶子草科	*Darlingtonia*　眼鏡蛇瓶子草屬 *Heliamphora*　太陽瓶子草屬 *Sarracenia*　瓶子草屬
	Roridulaceae　捕蟲木科	*Roridula*　捕蟲木屬
石竹目	Nepenthaceae　豬籠草科	*Nepenthes*　豬籠草屬
	Droseraceae　茅膏菜科	*Drosera*　茅膏菜屬 *Dionaea*　捕蠅草屬 *Aldrovanda*　貉藻屬
	Drosophyllaceae　露葉毛氈苔科	*Drosophyllum*　露葉毛氈苔屬
	Dioncophyllaceae　雙鉤葉科	*Triphyophyllum*　穗葉藤屬
酢漿草目	Cephalotaceae　土瓶草科	*Cephalotus*　土瓶草屬
唇形目	Lentibulariaceae　狸藻科	*Genlisea*　螺旋狸藻屬 *Pinguicula*　捕蟲堇屬 *Utricularia*　狸藻屬
	Byblidaceae　二型腺毛科	*Byblis*　腺毛草屬
	Plantaginaceae　車前科	*Philcoxia*　葬蟲花屬
禾本目	Eriocaulaceae　穀精草科	*Paepalanthus*　食蟲穀精屬
	Bromeliaceae　鳳梨科	*Brocchinia*　布洛鳳梨屬 *Catopsis*　嘉寶鳳梨屬

1.捕蠅草
2.茅膏菜
3.豬籠草
4.瓶子草

Basic
Knowledge

捕蟲機制

食蟲植物在漫長的演化歷史中,學會了有效的捕蟲方法。其捕蟲機制可分為5種。

陷阱式

葉子演化成袋狀,讓蟲掉進袋子內部後吸收營養的方式稱為陷阱式。豬籠草、瓶子草、土瓶草、布洛鳳梨、太陽瓶子草、眼鏡蛇瓶子草、嘉寶鳳梨等食蟲植物都是採用這個方法。蒼蠅、蜜蜂、螞蟻等都能捕捉,據說有些大型豬籠草還能捕獲青蛙和小型老鼠。

豬籠草的捕蟲袋是由葉子的前端演化而來,有著一旦掉進去就爬不上來的構造。捕蟲袋的蓋子內側有蜜腺,會分泌香甜氣味吸引蟲子前來,至於被稱為唇的袋口邊緣則非常滑溜。只要掉進袋中,就會被囤積在裡面的酸性消化液淹死,然後慢慢地被消化吸收。

瓶子草、太陽瓶子草、眼鏡蛇瓶子草的外觀像是有著筒狀袋子的草,會利用蜜的氣味引誘昆蟲,讓蟲掉進瓶內。內部覆有逆毛,讓掉進瓶內的蟲子很難爬上來。

黏蠅紙式

利用葉子表面的腺毛所分泌的黏液來捕捉昆蟲。茅膏菜、捕蟲堇、露葉毛氈苔、腺毛草、捕蟲木等都是屬於此類型。

茅膏菜是黏蠅紙式的代表品種,會在利用黏液捕捉到昆蟲之後,將葉子捲起來進行消化吸收。使用這個方式,比較容易捕捉到有翅膀的果蠅和小型蝴蝶。茅膏菜的生長狀態愈好,就愈容易分泌大顆的黏液。

捕獸夾式

用左右兩片葉子瞬間夾住昆蟲加以捕捉的類型,非常有食蟲植物的感覺。除了捕蠅草外,貉藻也是屬於此類。

捕蠅草的葉子內側有具備感知功能

1.葉子前端演化成捕蟲袋的豬籠草。　2.擁有筒狀捕蟲器官的瓶子草。　3.用左右兩片葉子捕蟲的捕蠅草。　4.茅膏菜是利用黏液捕蟲。

的感覺毛,只要觸碰到那裡,葉子就會閉合起來捕蟲。接著葉子內側的腺毛會分泌消化液,並花費約莫1週的時間進行消化吸收。

　雖然蟲子以外的東西碰到感覺毛時,葉子也會閉合,但因為消化液只會在感應到蛋白質時分泌,所以如果夾到其他東西,捕蠅草會打開葉子將其排出,不會進行消化。對捕蠅草而言,每次進行這個開合運動都要耗費很大的能量,因此只有在感覺毛接收到2次刺激時葉子才會閉合。

捕鼠籠式

　挖耳草、狸藻等狸藻屬所使用的捕蟲方式。它們的小小捕蟲囊位在水中或潮濕的泥土中,一旦獵物觸碰到捕蟲囊入口瓣上的感覺毛時,就會利用和滴管相同的原理,將水蚤等獵物連同水一起吸進來。然後用瓣將獵物關在裡面,進行消化吸收。

迷宮式

　這種捕蟲方式僅存在於螺旋狸藻屬的30個物種中,其特徵是會在地底延伸不同於根部的器官。螺旋狸藻的外觀和狸藻相似,但捕蟲方式卻大不相同。

　由葉子變形而成的倒Y字形捕蟲器會在地底延伸,讓從螺旋狀結構縫隙闖入的蟲子進到管內,然後利用管內的逆毛將其送入位於捕蟲器基部的袋中,進行消化吸收。

Basic Knowledge

了解原生地的環境

一般人常以為食蟲植物是自然生長在熱帶地區的叢林裡。確實有些種類是生長在熱帶雨林的叢林中，但除此之外的其他種類也遍布於全世界的各個地方。例如東南亞、澳洲、北美到中南美、非洲、歐洲的部分地區，甚至是日本，分布範圍相當廣泛。

食蟲植物幾乎都有一項共通點，就是生長在貧瘠的土地上。藉著故意長在懸崖、岩石區、濕地、沼澤等其他植物難以生存的地方，讓種族延續下去。由於土地缺乏養分，於是它們演化出能夠捕獵昆蟲加以吸收的機制，是一種既堅韌又迷人的植物。

說起最貼近我們生活周遭的食蟲植物，大概就是茅膏菜了。茅膏菜廣泛分布於溫帶到熱帶地區，在日本的濕原以及水田附近也能見到圓葉茅膏菜、匙葉茅膏菜、英國茅膏菜、光萼茅膏菜等種類。此外，捕蟲堇和狸藻也自然生長在日本國內；高山有野捕蟲堇、分枝捕蟲堇，沼澤有狸藻類，濕地則有挖耳草

類。

瓶子草和捕蠅草的捕蠅草屬，是自然生長於美國東部日照充足的濕地和樹林中。它們喜歡水分和強烈日照，由於生存在與日本同樣四季分明的地區，因此冬天不需要特別調節溫度也能順利生長。

豬籠草是分布於東南亞、斯里蘭卡、馬達加斯加等熱帶地區的食蟲植物，也是唯一符合叢林印象的種類。依據自然生長的海拔高度，它們可大致分為低地（lowland）、高地（highland）和介於中間的類型。低地種不耐寒冷，有喜歡高溫多濕的傾向。高地種自然生長於海拔約1500m以上的山岳地帶，不耐夏季酷暑，有時需要吹冷氣。中間種則生長於海拔800m到1500m的山岳地區，多半都能承受低溫和乾燥的空氣。

1

2

3

1、自然生長在沖繩的匙葉茅膏菜（*Drosera spathulata*）。　2、生長在
開闊濕地帶的光萼茅膏菜（*Drosera lunata*），三重縣。　3、生長在
水邊懸崖的圓葉茅膏菜（*Drosera rotundifolia*），千葉縣。

4

5

6

4.讓莖纏繞樹幹生長，有著巨大捕蟲袋的維奇豬籠草（*Nepenthes veitchii*）。婆羅洲。海拔約1000m。　5.勞氏豬籠草（*Nepenthes lowii*）是代表性的高地種，自然生長於婆羅洲海拔1500m以上的地區。　6.袋子較為小巧的毛蓋豬籠草（*Nepenthes tentaculata*）。婆羅洲。海拔約1000m。

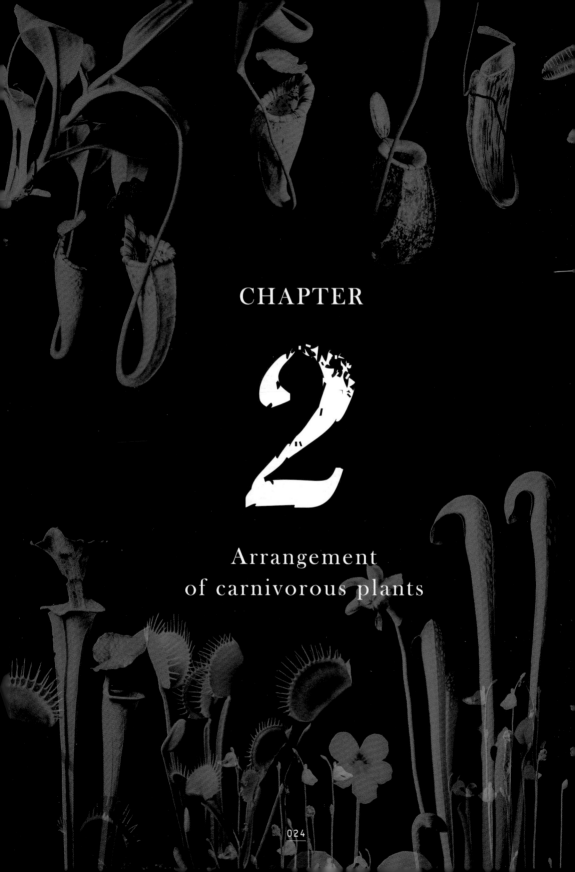

CHAPTER

2

Arrangement
of carnivorous plants

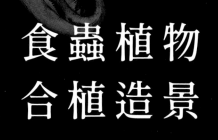

食蟲植物
合植造景

培育出美麗的食蟲植物之後，不妨試著將幾個不同的種類種植在一起。食蟲植物喜歡水分且獨具特色，很適合作為玻璃盆栽的主角。請考量色彩和形狀，配置出均衡美景。

作品製作：廣瀨祥茂（HIROSE PET）

排放多個小玻璃杯，
欣賞植物的獨特魅力。

在小玻璃杯中種植各具特色的食蟲植物。讓開出可愛小白花的利維達狸藻、大嘴捕蠅草、形狀美麗的匙葉茅膏菜分別成為主角。

重點是利用漂流木、小樹枝以及平坦的石頭等，在玻璃杯中創造出具有高低差的地形。另外，不只食蟲植物，也要配置其他喜歡水分的植物。除了庭園白髮蘚、長肋青蘚等苔蘚類，也可以種植綠珠草、翠雲草之類葉片小巧的觀葉植物。注意不可缺水，而且要擺放在照得到陽光的明亮窗邊。

在玻璃容器中
打造風景。

在直徑約10cm的玻璃罐中擺設食蟲植物。即使空間有限，也能活用食蟲植物打造出美麗的風景。

前方作品是以馬達加斯加茅膏菜為主角，搭配上庭園白髮蘚、小薜荔和翠雲草。大膽配置熔岩，並將水草黑土鋪成帶有斜度，然後將具有高度的茅膏菜種在最顯眼的地方。另一件作品的主角則是大嘴捕蠅草。擺放漂流木作為背景，放入栽培介質，然後種入庭園白髮蘚和越橘葉蔓榕。

Arrange 03

利用高低差種植

豬籠草和捕蠅草。

在水滴型玻璃罐中種植豬籠草和捕蠅草的作品。小型豬籠草名為Queen Malani，是葫蘆豬籠草和羅伯坎特利豬籠草的交配種。捕蠅草是大片葉子內側呈鮮紅色的大嘴捕蠅草。

利用漂流木和熔岩製造前後的高低落差，然後在前方種植捕蠅草、在漂流木後方則栽種豬籠草。另外，還培植榕屬sp.、網紋草、新大珍珠草等，並配置上長肋青蘚，打造出充滿自然氣息的玻璃盆栽。

由於食蟲植物的根和其他植物相比較不發達，因此用水苔溫柔包覆根之後再種植是一大重點。為了避免缺水，要在容器底部放入輕石或發泡煉石，並施以根腐防止劑，如此就能安心。另外還要照射高亮度的LED燈。

欣賞
小型水槽中的
瓶子草。

在小型的縱長水槽中種植瓶子草。品種是名為Maroon的交配種，這種瓶子草會長出許多小葉子，很好照顧。建議栽種時要留意球根的出芽方向。想要讓瓶子草長得好，必須擺放在有陽光的窗邊或照射明亮的LED燈。

這件作品的重點，是突顯由小瓶子草和紫瓶子草交配而成、名為Swaniana的園藝種。除了用水苔將瓶子草的根捲起來種植，還在水草黑土之外使用塑形材料，並在漂流木和熔岩的表面培植苔蘚和蕨類、小鳳梨等。

Arrange 05

大量使用小型綠色植物，
打造充滿自然感的合植造景。

Arrange **06**

以食蟲植物為主角的
沼澤造景缸。

照明是使用栽培植物用的
「Jua-LED燈」。光譜與陽
光相同，也會釋放少量紫外
線。

寶琳豬籠草

幸運女神豬籠草

紫瓶子草

　　這個沼澤缸作品使用了好幾種原產地不同的食蟲植物，打造出一個讓人充滿無限想像的世界。造型獨特的食蟲植物成為亮眼的點綴，呈現出自然感洋溢的風景。

　　在作品中央配置以捕蟲袋的花紋為一大特色的交配種寶琳豬籠草，然後在其旁邊栽種由蘋果豬籠草和葫蘆豬籠草繁殖出來的幸運女神豬籠草。景觀的左前方是紫瓶子草，右側則自然地布置了匙葉茅膏菜。

　　水槽的大小為寬30×深30×高45cm，基底的鋪設是從左右往前方擺設大小不一的漂流木，並且藉由在左後方製造空間以展現前後的距離感。底床鋪有水草黑土，背面和側面則分別使用塑形材料，種植了各式各樣的植物。像是薜荔、蕨類sp.、藍花楹、骨碎補、越橘葉蔓榕、庭園白髮蘚等，每一種植物雖然都不特別突出，卻讓整體充滿了自然的氣息。

　　尤其瓶子草和茅膏菜很喜歡明亮的環境，因此高亮度的LED燈照射不可或缺。

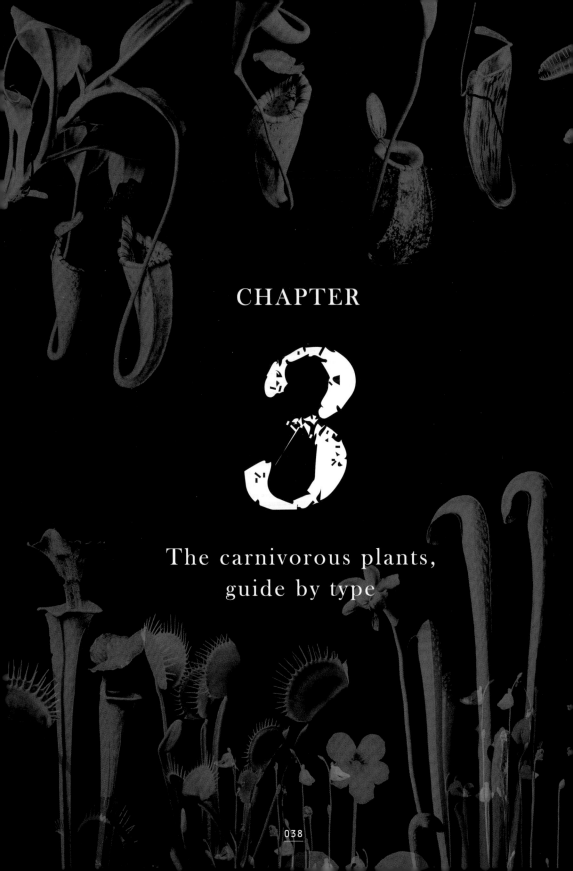

CHAPTER

3

The carnivorous plants,
guide by type

食蟲植物
種類別指南

食蟲植物的種類繁多，若將交配種也包含進去，品種更是多到無法計數。本章主要列舉廣受許多人喜愛及栽培的種類，詳細介紹各種類的特性、栽培方式、代表品種的魅力。

NEPENTHES

豬籠草

豬籠草的葉子前端有著呈現獨特壺狀的捕蟲袋。自古便以「靫葛」這個日文名稱為日本人所熟悉，是食蟲植物的代表性種類。豬籠草為多年生的蔓性植物，除了印尼、馬來西亞、泰國、寮國等東南亞國家，也廣泛分布於斯里蘭卡、馬達加斯加等以熱帶為主的地區。

豬籠草的捕蟲袋是由葉子前端的籠蔓末端所形成。入口上方的蓋子內側有蜜腺，會散發出香甜氣味來引誘昆蟲。囊袋的唇有細小凹凸，呈現非常容易滑倒的構造。蟲子一旦滑落袋中，就會被內部囤積的強酸性消化液分解，然後被當成養分吸收。

目前原生種有超過170種，另外也培育出了相當多的人工交配種。每個種類的捕蟲袋都獨具特色。無論尺寸、形狀、色彩、花紋都非常多樣，可以從中尋找自己喜歡的種類加以收集，樂趣無窮。依據種類的不同，還分為莖生長之後才結的瓶（上位瓶／ upper pitcher），以及在莖徒長之前所結的瓶（下位瓶／ lower pitcher），這兩種形狀大相逕庭的品種。除此之外，也有在植株底部附近的地表結瓶的種類（地上瓶／ ground pitcher）。

植株長大之後，會開出不起眼的穗狀小花。花分為雄花和雌花，由於會在不同株的植物體上綻放，因此如果要採集種子的話，就需要準備雌株和雄株。

從葉子延伸而出的籠蔓末端形成捕蟲袋（左）。
雄花（中央）和授粉後的雌花（右）。

豬籠草的栽培方式

豬籠草以東南亞為中心，廣泛分布於熱帶到亞熱帶地區。由於原生地的範圍很廣，因此存在著許多能夠適應各式各樣環境的品種。比方說，從自然生長在高溫多濕且日照強烈的叢林周邊，到自然生長在氣候寒涼且夜間被霧氣籠罩的高山，其生長環境十分多樣。豬籠草大致可分為低地（lowland）、高地（highland）和特質介於中間的類型。

低地種豬籠草是自然生長在熱帶雨林的開闊平地或懸崖這類全年雨量豐沛、隨時都保持濕潤的土地上。它們喜歡高溫多濕，不耐冬季的低溫。另一方面，高地種豬籠草是自然生長於海拔2000m左右的山岳地帶，在氣溫低、霧氣瀰漫的冷涼多濕環境中生活。因此，它們有著討厭夏季高溫的特質。中間種則是自然生長在海拔800m以上的山地，多半比較耐低溫和乾燥的土壤。

日照與放置地點

最適合豬籠草的日照隨季節而異。春天到秋天要擺放在日照充足的地方，但是必須留意盛夏直射的陽光。由於可能發生葉片焦枯的狀況，因此最好施以50%的遮光，或是移到通風良好的明亮陰涼處。高地種豬籠草在夏季期間必須移至有冷氣的室內。

原產於熱帶到亞熱帶的豬籠草，整體而言都不耐冬季的寒冷氣候。一旦氣溫降至15℃以下，就要準備移至屋內，並且建議一整天都擺放在日照充足的窗邊。雖然有些高地種和中間種耐低溫，不過為了讓豬籠草順利長出捕蟲袋，還是必須將溫度維持在10℃以上。開暖氣容易讓空氣變得乾燥，所以也要使用加濕器來維持一定的濕度。

給水

由於是喜歡高濕度環境的植物，必須

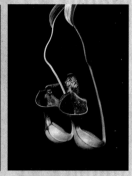

有低地種也有中間種的維奇豬籠草（左），高地種的勞氏豬籠草（右）。栽培方式會隨產地而異。

留意缺水狀況，一旦土壤表面乾燥就要給予充足水分。一般食蟲植物是用腰水栽培，但因為豬籠草的根部可能會腐爛，所以不建議使用腰水法。另外，豬籠草喜歡潮濕的空氣，因此最好全年都使用噴霧器在整株植株上噴灑水霧。夏季必須特別留意缺水狀況，但如果在白天的烈日下給水，盆器內可能會變得悶熱高溫，因此建議早上或傍晚澆水。秋天時，豬籠草的生長速度會漸趨緩慢。一旦氣溫降至15℃以下，就要稍微減少給水次數，並且觀察土壤狀態，待表面乾燥再給水。即便是冬天，也要在葉片噴灑水霧以保持濕度。

種植、換盆

種植的基本介質會建議選擇水苔或鹿沼土。如果是水苔，每1～2年就需要換盆一次。適合換盆的時期為5～6月。最好去除枯萎的葉子和根，配合植株的大小更換至較大的盆器，並且種得深一點。另外，豬籠草是蔓性植物，莖會隨著不斷生長慢慢倒下，因此要立起支柱以固定莖梗。

繁殖方式

豬籠草一般是以扦插方式繁殖。將長長的莖剪下，作為插穗。找出會長出側芽的部分（位於葉片基部稍上方之處），確保留下兩節之後剪斷；葉子則要修剪掉一半至三分之二，以防止水分蒸散。在盆器中放入鹿沼土，一邊留意出芽方向一邊插入，然後給予充足水分。一開始要採取腰水法，大約1個月後就會發芽，2個月後會發根。

除此之外，豬籠草也可以採用播種方式繁殖，但是由於雌雄異株，要採集種子的話，必須準備雄株和雌株並使其各自開花，之後再進行授粉。透過人工授粉，也能自由自在地為豬籠草進行交配。

Nepenthes alata
翼狀豬籠草

　　自然生長於菲律賓的中型豬籠草，在日本是最為普及且普遍的品種。除了整個捕蟲袋呈綠色、只有頂端呈紅色的綠色型，根據產地不同，還有多種類型和變種，甚至有呈現紅色或美麗斑紋的個體。

　　其特質屬於中間種，相較其他豬籠草，它耐低溫、高溫及乾燥介質，算是容易種植的品種。生長速度也很快，只要經常曬太陽，囊袋的紅色部分就會增加。

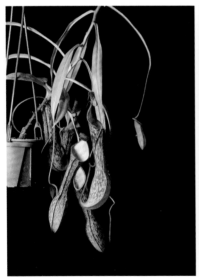

N.alata
整個捕蟲袋都布滿紅色斑紋的美麗翼狀豬籠草。

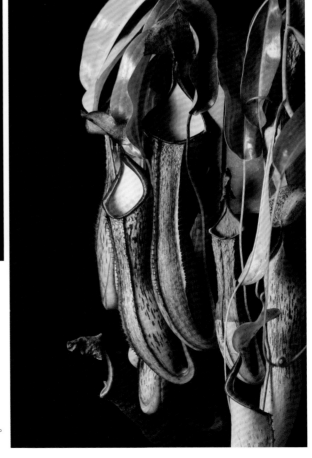

N. 'Kihachijo'
翼狀豬籠草和大豬籠草的人工交配種。
1982年，一正園培育。

Nepenthes veitchii
維奇豬籠草

　　這種豬籠草自然生長在婆羅洲海拔800m以上的山岳地帶。基本上為匍匐於地面的類型，不過也有會攀爬樹木的類型。維奇豬籠草的囊袋形狀與顏色相當多樣，因而備受歡迎。尤其大大散開的唇極

具特色，長大之後的捕蟲袋也很漂亮，值得一看。葉片同樣是大且偏寬。葉子和囊袋具有厚度，因為耐旱所以容易栽培。只要在稍微偏乾燥的環境下種植，植株的外型就會長得很漂亮。

N.veitchii × northiana（上）
維奇豬籠草和諾斯豬籠草的交配種。

N.veitchii × burbidgeae（左）
維奇豬籠草和豹斑豬籠草的交配種。

N.veitchii

N.maxima

Nepenthes maxima
大豬籠草

　　廣泛分布於印尼的蘇拉威西島和新幾內亞島的大型豬籠草。由於生長範圍遼闊，因此有各式各樣的變異，不過一般來說都擁有布滿清晰斑紋的大囊袋。在日本自古就為人所栽培，且經常用於配種。這種豬籠草比較不適應夏季的炎熱氣候，可能會在夏天時生病或結不出捕蟲袋。然而，它相對耐寒，即便在沒有溫室的一般家庭也能平安過冬。

N.maxima × vogelii
大豬籠草和佛氏豬籠草的人工交配種。上位瓶（下）和下位瓶（右）的形狀差異很大。

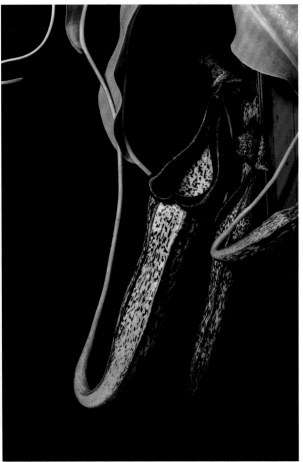

Nepenthes ampullaria
蘋果豬籠草

　　廣泛分布於婆羅洲和蘇門答臘等地的種類，會結出許多形狀圓潤的小捕蟲袋。植株長大後，除了上方的葉子前端會結瓶，也能見到在表土結瓶的地上瓶。屬於低地種，在夏季高溫下仍能健康生長。

N.ampullaria

Nepenthes ventricosa

葫蘆豬籠草

葫蘆豬籠草分布於菲律賓的呂宋島等地，自然生長在海拔1000～2000m的山岳地帶。特徵是捕蟲袋呈葫蘆型，中央明顯內凹。此外，還有帶斑點或呈現奶油色等種類。

N.ventricosa × ampullaria
葫蘆豬籠草和蘋果豬籠草的交配種。

Nepenthes albomarginata
白環豬籠草

廣泛分布於婆羅洲、蘇門答臘、馬來半島的低地種豬籠草。其捕蟲袋呈10～15cm左右的細長形。葉片也很細長，充滿了其他豬籠草所沒有的細緻感。特徵是囊袋的開口部分有一圈白色線條，此外，囊袋豐富多變的色彩也十分迷人。從綠色到紫紅色、深黑色，可以分為多種類型。由於不耐低溫，冬季一定要將它們擺放在室內溫暖之處。

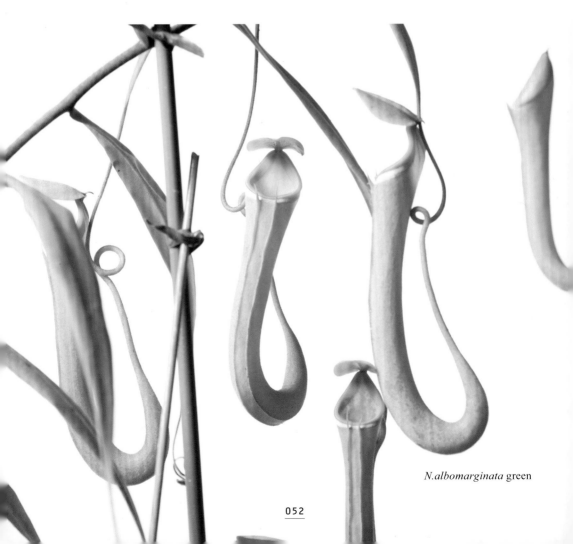

N.albomarginata green

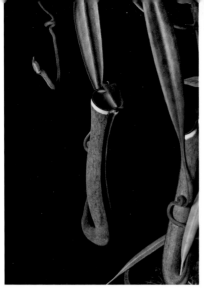

N.albomarginata sillver

N.albomarginata red

Nepenthes gracilis

小豬籠草

　　低地種的豬籠草，廣泛分布於東南亞。會長到10cm左右的小型囊袋多半呈紅色。在夏天的直射陽光下也能順利生長，由於也容易長出側芽，因此可以觀賞到許多捕蟲袋。

N.gracilis red

N.truncata 'Red Flush'

Nepenthes truncata
寶特瓶豬籠草

　　僅分布於菲律賓民答那峨島的固有種。從低地到海拔1000m都是它的自然生長範圍，但卻只會出現在濕度高的地區，並附生在日照充足的崖地或樹上。捕蟲袋為大型的細長圓筒狀，下方呈微微隆起的漏斗狀。另外，莖長得不長且形狀筆直亦為其特徵。相較其他品種，它耐低溫與乾燥、容易栽培。

Nepenthes 'Dyeriana'
戴瑞安娜豬籠草

　　被譽為是豬籠草的最高傑作，是混合豬籠草（*N.'mixta'* ／ *northiana×maxima*）和迪克森豬籠草（*N.'Dicksoniana'* ／ *rafflesiana×veitchii*）的交配種。布滿整個囊袋的斑紋十分美麗。不耐寒但具耐暑性，容易栽培。

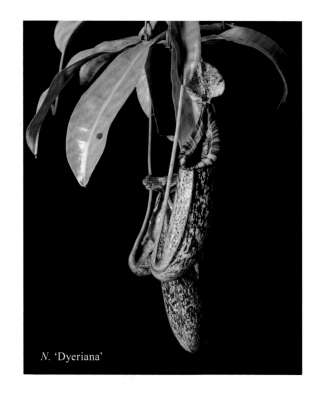

N. 'Dyeriana'

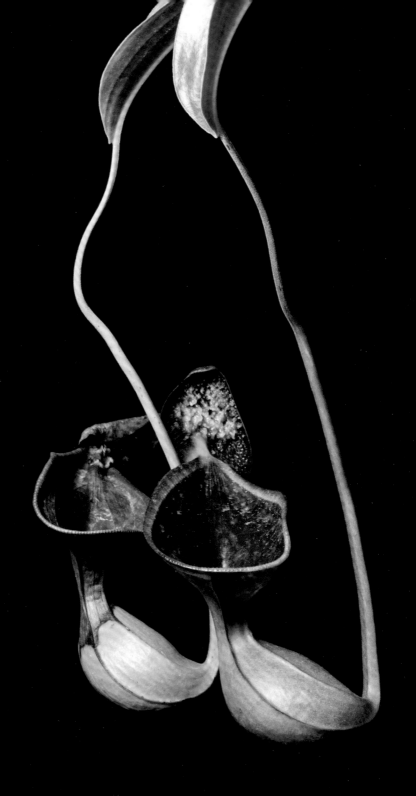

N.lowii

N.(lowii × veitchii) × burbidegae
勞氏豬籠草×維奇豬籠草×豹斑豬籠
草的交配種。屬於高地種。

N.[(lowii × veitchii) × boschiana] ×
[(veitchii × maxima) × veitchii]

除了勞氏豬籠草外，還加入維奇豬籠草、
大豬籠草等的交配種。特質屬於中間種。

Nepenthes lowii
勞氏豬籠草

　　高地種豬籠草的代表性人氣品種。自然生長在婆羅洲2000m左右山岳地帶的固有種，其外型獨特的捕蟲袋極富魅力。由於生長速度緩慢，又喜歡冷涼多濕的環境，因此栽培難度非常高。然而，為了培育出美麗的囊袋，高地種豬籠草的愛好者們依然費盡心思用心栽培。夏天除了要提供涼爽的環境，因為這種豬籠草也喜歡陽光，所以充分的日照對其良好的發育來說不可或缺。

Nepenthes rajah
馬來王豬籠草

　　又名「拉賈」的高地種豬籠草，大型的囊袋為其特徵。這種豬籠草是自然生長在婆羅洲最高峰京那巴魯山及其周邊山脈的固有種，和寶特瓶豬籠草及美林豬籠草同為著名的巨大種。捕蟲袋的尺寸可高達40cm。開口部分寬大，橫幅也很長。據說在當地是以老鼠等小動物作為食物。

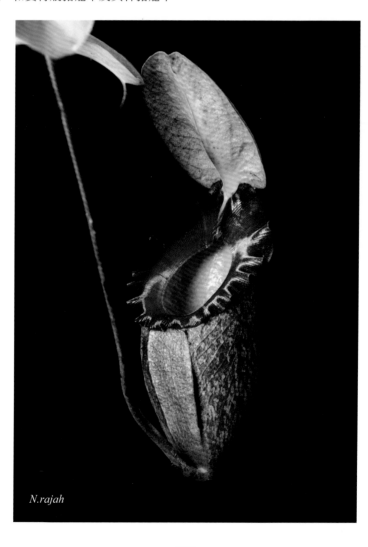

N.rajah

Nepenthes glabrata

無毛豬籠草

　　印尼蘇拉威西島的固有種。屬於比較小型的豬籠草，會結出色彩繽紛的捕蟲袋。以高地種來說，栽培方式算是比較簡單，只要處於冷涼環境，即便沒有冷氣也能栽培成功。

Nepenthes gymnamphora

裸瓶豬籠草

　　分布於蘇門答臘、爪哇島等區域的高地。植株的體型嬌小，葉片也很小。捕蟲袋整體偏紅，尺寸約5 cm左右。只要發育狀態良好，就會結出許多囊袋。

N.hamata

Nepenthes hamata
鉤唇豬籠草

　　自然生長在印尼蘇拉威西島海拔1400～2500m地帶的高地種豬籠草。帶有斑紋的捕蟲袋上長有長毛，散發出獨特的氣息。另外，唇部的凹凸呈堅硬銳利的牙狀這一點亦為此種的特徵。植株長大後，囊袋的尺寸會達到20cm左右。夏天的栽培重點是要放置在濕度高且涼爽的環境中。

Nepenthes mollis
柔毛豬籠草

　　自然生長在婆羅洲海拔1500m以上高地的固有種。近年已從原本的名稱 *N. hurrelliana* 更名為 *mollis*。形狀細長的囊袋及縱向延伸的唇為其特徵，另外，色彩鮮豔的斑紋也十分迷人。

N.mollis

N.jacquelineae

Nepenthes jacquelineae
賈桂琳豬籠草

2000年在西蘇門答臘發現，算是較新的品種。此為自然生長在海拔1700～2200m處的高地種豬籠草，極具特色的捕蟲袋很受歡迎。小型的囊袋整體呈鮮紅色，水平擴展的唇部看起來就像人的嘴唇。除此之外，似乎也有綠色中帶有褐色斑點的類型。由於只要狀態良好就會結出捕蟲袋，因此種植時必須打造一個全年冷涼多濕的環境。另外也要留意夏季的直射陽光。

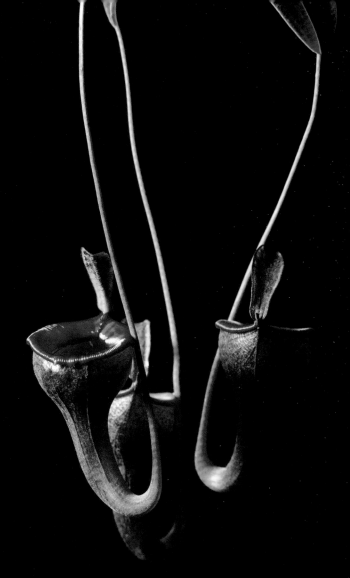

N.jamban

Nepenthes jamban
馬桶豬籠草

　　自然生長在蘇門答臘海拔1800～2000m山岳地帶的小型豬籠草,是2006年才正式記載的新品種。種小名*jamban*在當地語言中是廁所的意思。鮮紅色的捕蟲袋十分獨特又可愛。只要在夏天時將環境維持在最高氣溫26℃、濕度80%以上,就會結出許多捕蟲袋。

N.sanguinea

種小名*sanguinea*是血紅色的意思，代表捕蟲袋的紅色色澤。分布於馬來半島1300～1600m之處，自然生長在高山上經常霧氣瀰漫的冷涼多濕場所。由於不耐夏天炎熱的氣候，建議盡可能種植在涼爽的環境中。

Nepenthes sanguinea
血紅豬籠草

Nepenthes spectabilis
顯目豬籠草

　　自然生長在蘇門答臘海拔約
1400～2400m之處的高地種。捕蟲
袋呈細長的筒狀，深色斑紋十分美
麗。須避開夏季的炎熱氣候，栽種
在濕度高的冷涼環境中。

N.spectabilis

DIONAE

CARNIVOROUS PLANTS ⟨02⟩

DIONAEA

捕蠅草

捕蠅草是食蟲植物之一，外型上非常有食蟲植物的感覺。葉柄前端有兩片像貝殼的葉片，利用從兩邊夾住的方式來捕蟲。捕蟲葉周圍有宛如睫毛的刺毛，長相十分令人毛骨悚然。葉片內側則有感覺毛，只要昆蟲在短時間內碰觸感覺毛2次以上，葉片就會迅速關閉，然後葉片內側的腺毛會分泌出消化液，花約莫1週的時間進行消化吸收。捕蠅草需要接收到2次刺激才會關閉葉片是為了確實捕捉到獵物。其透過第一次接觸確認昆蟲的存在，再透過第二次接觸確認昆蟲已來到葉片正中央。如果一直用手指碰觸使其持續運動，捕蠅草容易因為疲倦而枯萎，這一點須特別留意。

捕蠅草屬中只有1個捕蠅草種，是1屬1種的植物。然而，以園藝品種來說，自古以來就有所區分，並栽培出各式各樣獨具特色的品種，像是莖直立的種類、莖呈放射狀延展的種類、外觀偏紅的種類等等。此外，捕蟲葉比一般捕蠅草來得大，或是植株較嬌小、鋸齒短、全株呈深紅色等等，目前已知有形形色色的品種，這些都讓栽培變得更加充滿樂趣。

只要透過感應器感知到，就會關閉葉片捕蟲（左）。
初夏時會開出白色的花（右）。

捕蠅草的栽培方式

捕蠅草因為外型奇特，容易給人悄悄棲息在熱帶叢林中的印象，但其實捕蠅草生長在日照充足的平地濕原上，且原生地位於北美東部的部分地區。因此，將植株栽種在能夠充分照射到直射陽光的地方非常重要。

另外，由於原產於北美，所以冬天不需要保溫。一旦氣溫下降，捕蠅草就會停止發育並進入休眠狀態。即便捕蠅草停止生長且變得枯萎也不要放棄，這時只要在日照充足的場所持續給予水分，它就會在下個春天長出新芽並開始生長。

捕蠅草喜歡水分，因此必須隨時留意乾燥缺水的問題。如果擔心缺水，最好採用腰水法種植。腰水法是在裝了水的容器中放入好幾個盆器，讓介質隨時保持濕潤狀態的澆水方式。但是不能浸在太深的水裡，水深高度只要距離盆器底部1～2cm就夠了。若可以時常給水，就不需要採用腰水法。

另外，盛夏時期要注意別讓腰水的水溫過高。日照強烈的7～8月則需放置在通風的陰涼處，並且盡量在傍晚到夜間這段時間給水，以確保植株環境涼爽。

初夏綻放的小白花感覺十分清純。秋天雖然會結出種子，但同時植株也會變得衰弱，因此如果沒有打算以播種方式進行繁殖的話，建議在開花後將莖剪斷。

捕蠅草的根雖然細小脆弱，但是會筆直往下延伸，所以種植時最好使用較深的盆器。栽培介質基本上是使用水苔。確認新芽從植株底部冒出來的方向，然後用水苔纏住根種植。由於水苔容易腐爛，所以建議每年都要換盆一次。最適合換盆的時間是休眠期的1～2月。如果發現植株長大後有好幾個生長點，也可以用分株的方式進行繁殖。

除此之外，捕蠅草也可以採取葉插法和播種法來繁殖。葉插法的做法是將葉片從葉腋分離，插進水苔中，大約1個月後就會冒出新芽。可利用換盆或分株時脫落的葉片進行葉插法。

Dionaea muscipula 'Red Green'
紅綠捕蠅草

紅色和綠色呈現鮮明對比的捕蠅草。捕蟲葉大且刺毛長，非常有存在感。

Dionaea muscipula 'Alien'
異形捕蠅草

其捕蟲葉讓人聯想到會吞噬一切的怪物嘴巴，十分迷人。莖是屬於不會直立的類型，捕蟲葉細長，刺毛部分則朝向內側。

Dionaea muscipula 'Bristol Teeth'
怒齒捕蠅草

這種捕蠅草的鋸齒短而細小。只要經常
照射陽光，內側就會呈現深紅色。

捕蟲葉的內側呈鋸齒狀，宛如鯊魚的牙
齒。屬於莖向上延伸的類型。

Dionaea muscipula 'Shark Teeth'
鯊魚齒捕蠅草

DROSERA

茅膏菜

茅膏菜的特性是會從葉片表面的腺毛分泌出黏液,然後利用該黏液捕捉昆蟲。一旦昆蟲黏在葉片上,茅膏菜就會追加補充黏液,並且彎曲葉片將獵物壓住,接著分泌消化酵素,慢慢地吸收養分。採用這種黏著方式的食蟲植物比較容易捕捉到有翅膀的昆蟲,果蠅和小型蝴蝶等都是它們的目標。另外,茅膏菜即便不吃昆蟲也能憑借光合作用生存下去,但是有捕捉昆蟲的個體,發育和開花狀況會比較好。

茅膏菜屬目前已知有200種以上,廣泛分布於溫帶到熱帶地區。日本也有自然生長的圓葉茅膏菜、英國茅膏菜、光萼茅膏菜等,它們能夠適應濕原等土壤酸度高、缺乏營養鹽的環境。

茅膏菜的栽培方式

茅膏菜屬的植物遍布全世界，每個品種的生態都不相同。有球根型、名為迷你茅膏菜的極小型，甚至從多年草本到一年生草本都有，種類非常多樣。如果以栽培為目的並根據生長類型來大致區分，可以分為長出冬芽後休眠的寒地型、溫帶型，以及不會長出冬芽的亞熱帶、熱帶型。

冬季會休眠的這種類型在冬天時不需要保溫，可以直接種植於戶外，但是熱帶型的茅膏菜到了冬天就必須移入室內或溫室，並使用加溫設備。

幾乎所有種類都喜歡陽光，基本上必須種植在日照充足的場所。另外，因為以生長於濕地帶的種類為大宗，所以建議用腰水法進行栽培。

種植時，使用的介質要選擇水苔或小粒的鹿沼土。種的時候，如果埋得太深，根會難以伸展，導致發生根部腐爛的狀況，這一點須特別留意。植株大概每1～2年要換盆一次。最適合換盆的時期為進入生長期之前的3～4月左右。繁殖方式除了採集種子播種外，也可以使用分株法和葉插法。

自然生長於澳洲的球根茅膏菜，是會在乾季（以日本來說是夏天）結球休眠的類型，因此要選在秋天植物重新開始生長的時間點栽培。種植時，使用混合了泥炭苔和鹿沼土等的介質，採取腰水法，並放置在日照充足的地方。溫度要維持最低8℃。大約春季時，地上部會枯萎且以球根的型態休眠。可以用播種或球根分球的方式進行繁殖。

除此之外，迷你茅膏菜則是會形成珠芽的種類。栽培時，通常會混合鹿沼土、泥炭苔、砂等作為介質，而非使用水苔。秋天到冬天會長出小珠芽，只要將其摘下，以1cm左右的間隔排放在濕潤的介質上，約莫1週就會發芽，大概1個月後就會長成漂亮的親株。

Drosera spatulata

匙葉茅膏菜

日文名稱為毛氈苔，是自然生長於日本和大洋洲的茅膏菜。特徵是葉片密集，會簇生成漂亮的模樣。植株會在冬天枯萎，僅留下包含生長點在內的中央部分過冬。只要室內保持在7℃以上，之後就能繼續發育生長。

Drosera peltata
盾葉茅膏菜

廣泛分布於大洋洲到熱帶,以及溫帶亞洲地區,生長在略偏乾燥的濕原和貧瘠的荒地上。因為有地下球根,如果採取腰水法容易腐爛。初夏開花後,會開始枯萎並進入休眠期。

Drosera anglica × tokaiensis
英國茅膏菜
× 東海茅膏菜

2016年登場的交配種。具備英國茅膏菜,以及自然生長於東海地區的東海茅膏菜的特徵。雖然體質耐寒又強壯,但是如果將環境維持在5℃以上會長得更好。

Drosera 'Nagamoto'

永本茅膏菜

　　英國茅膏菜（*D.anglica*）和匙葉茅膏菜（*D.spathulata*）的人工
交配種。在氣溫開始下降的秋天到冬天期間會暫時停止生長，但過了
春天之後，就會長出新的葉子。雖然也可以在戶外過冬，但如果擺放
在溫室或室內，就能一整年持續生長。

Drosera filiformis
線葉茅膏菜

　　原產於北美東部的茅膏菜，日文名稱為糸葉毛氈苔。莖短但葉長，會從植株底部附近長出許多直立的葉片。有腺毛呈紅色和整個葉子都會變紅的類型。天氣變冷後，會長出鱗莖過冬。以分株或葉插的方式繁殖。

D.binata var.*dichotoma*

Drosera binata
叉葉茅膏菜

　　原產於大洋洲，屬於冬天會休眠的茅膏菜。因為捕蟲葉分岔成兩邊，在日本又被稱為刺又毛氈苔。也有分岔成四邊的變種（四又毛氈苔）。由於具備粗大的根，因此可以用根插的方式繁殖。

自然生長於馬達加斯加和熱帶
非洲的茅膏菜，湯匙狀的捕蟲葉往
四方散開。雖然只要生長到一定程
度就會枯萎，但是過一陣子後，會
從根部再度開始萌生新芽。因為原
產於熱帶地區，所以耐得住炎熱的
夏季，然而卻承受不了冬天的寒冷
氣候。冬季只要將環境維持在10℃
即可安然過冬。可用葉插方式輕易
繁殖。

Drosera madagascariensis

馬達加斯加茅膏菜

Drosera adelae

阿迪露茅膏菜

分布於澳洲東北方的大型種。細長的捕蟲葉從短莖延伸而出，長度可達20cm左右。根會在靠近地表處擴散，並且長出許多不定芽。如果種植在日照充足的場所，葉片會稍微變小且偏紅。冬季只要將環境維持在5℃以上即可安然過冬。

Drosera macrantha

大花茅膏菜

原產於澳洲的球根茅膏菜。莖相當長，植株高度可達30cm以上。莖的前端有圓弧狀的捕蟲葉，腺毛末端會分泌出閃閃發亮的黏液。在日本，大約會於10月發芽，然後在隔年的4～5月枯萎，以球根的狀態進入休眠期。

Drosera stolonifera
匍匐茅膏菜

　　自然生長於西澳的球根茅膏菜，有葉子密集生長、簇生化的類型，以及葉子縱向延伸至20㎝左右的類型等變異品種。夏天來臨前，會在地底延伸地下莖，並且在其前端結出1個塊莖。由於葉柄部分凹陷，捕蟲葉的形狀呈現心型而非圓型。

SARRA

瓶子草

⑯ 子草有著具備捕蟲功能的筒狀葉片。開口上方的蓋子和筒狀葉片的入口會分泌出香甜蜜汁,藉此吸引昆蟲前來,然後使其從瓶口掉進去加以捕捉。葉片內壁上長有無數朝下的硬毛,能夠阻止掉入的昆蟲往上爬,並且利用內部囤積的液體將其溺斃。之後,瓶子草會借用細菌的力量進行消化吸收。它們捕蟲只是為了補充營養,基本上還是會透過從根吸收水分及行光合作用來生長。

自然生長於北美的瓶子草屬,目前已知有翼狀瓶子草、黃瓶子草、白瓶子草、小瓶子草、山地瓶子草、紅瓶子草、鸚鵡瓶子草、紫瓶子草,這8個原生種。其植株高度有高有低,花紋和形狀等也各不相同,堪稱是每一種都極具觀賞價值的美麗食蟲植物。而光是原生種的種類就已經很豐富了,但因為分布地區重疊的關係,所以也能見到自然雜交種。不僅如此,由於各品種之間很容易交配,因此目前也已培育出許多人工交配種,可供人們自由挑選喜歡的種類。

瓶子草的栽培方式

　　瓶子草自然生長的地區遍及加拿大東部到美國東海岸與南部，範圍非常廣泛。而且都是在日照充足的酸性濕地上，和其他植物混生。春天時，會從粗大的根莖（bulb）中展開筒狀葉片，冬天時，地上部的葉片會枯萎休眠，然後到了隔年春天再度冒出新芽。

　　由於原生地位在不會被其他植物擋住陽光的土地上，因此必須栽種在照得到直射陽光的地方。給水要採取腰水法。在淺盤等容器中裝水，把盆器放在裡面，讓介質隨時保持濕潤狀態。雖然瓶子草在食蟲植物中算是根比較發達的種類，但避免乾燥缺水這一點還是非常重要。

　　另外，因為瓶子草的根會在地下筆直延伸，所以要選擇較深的盆器來種植。栽培介質則是使用等量混合的小粒鹿沼土和泥炭苔。在盆底放入輕石，然後鋪上介質、種入瓶子草。由於地下的根莖會橫向匍匐生長，因此最好每2～3年換盆一次。這時的重點在於要將生長點配置在盆器的中央位置。換盆時期以12～3月的休眠期為佳。

　　繁殖方式除了分株外，也可以採取播種、根莖插的方式進行。最容易實行的方法是分株，只要換盆時根莖的生長點分離即可分株。即便是在沒有根的狀態下分株，只需用水苔纏起來種植就會發根。如果是採取播種方式，則需從春天綻放的花朵中採收種子。將秋天成熟的種子從種殼中取出，於2月左右在花盆或育苗盤中放入水苔、泥炭苔、鹿沼土等土壤，使其充分濕潤之後撒上種子。因為種子很細小，所以不需要覆土。只要擺放在日照充足的場所，並且注意別讓土壤乾燥，春天時就會發芽。待長出3支左右的瓶子時，即可假植。

　　根莖插的做法是用剪刀或手切斷根莖後剪下葉片，種在水苔或混合介質中，如此即可發根。建議最好在換盆時進行。

Sarracenia leucophylla
白瓶子草

日文名稱為網目瓶子草。瓶子頂端到蓋子的部分為白色，並且帶有綠色或紅色的脈紋，有些個體的蓋緣則會呈現美麗的波浪狀。脈紋的樣式存在變異，目前也已培育出觀賞價值高、色彩迥異的各式園藝品種。屬於大型品種，有的植株高度可超過1m。

S. leucophylla 'Live Oak Creek'

Sarracenia flava

黃瓶子草

　　其特徵為葉片垂直直立，蓋子很大且瓶身基部細窄。屬於大型的瓶子草，植株高度可達1m以上。原生地廣以致變種多亦為其特徵。有的是整個瓶子都呈紅色，也有的是蓋子或瓶子帶有紅色脈紋。日文名稱為黃花瓶子草，會在春天時開出黃色花朵。

S. flava var. rogelii　　　　S. flava var. atropurpurea　　　　S. flava var. cuprea

Sarracenia rubra
紅瓶子草

　　此為植株高度20～30cm的
小型種，細窄的瓶子直立。葉片
數量多且上面帶有紅色脈紋為其
特徵。有紅瓶子草、阿拉巴馬州
瓶子草、惠里瓶子草、海灣瓶子
草等亞種，有些亞種的蓋子細
長，並且呈現波浪狀。

S. rubra ssp. *gulfensis*

Sarracenia oreophila
山地瓶子草

　　從前被視為黃瓶子草的變
種，外型上也有幾分相似。和黃
瓶子草相比，山地瓶子草的蓋子
膨大、前端的突起比較短，且瓶
身沒有那麼細窄。由於有不耐盛
夏暑氣的傾向，因此栽培時需要
注意通風和日照。

S. oreophila 'Boaz Pond'

屬於小型瓶子草，特徵為
葉片垂直直立，瓶身略縮，蓋子
偏小。外觀和紅瓶子草相似，但
是脈紋樣式較多。早春時會開
花，花色呈亮黃色或淺奶油色。
日文名稱為薄黃瓶子草。也有很
多變種和改良品種。

Sarracenia alata
翼狀瓶子草

S. alata 'Hill Top Lakes'

Sarracenia minor
小瓶子草

這種瓶子草的外型獨特，瓶子和蓋子為一體成形，並且彎曲成像要覆蓋住瓶子的入口一樣。葉片頂端有白色斑點，內側則有紅色網紋圖案。某些品種的蓋子部分為紅色。植株大小屬於中型，日文名稱同樣是小瓶子草。花莖偏短，春天時會開出亮黃色的花。

S. minor

091

Sarracenia purpurea
紫瓶子草

　　此為植株高度約20cm的小型瓶子草，是最容易照顧的品種。瓶身呈帶有曲線的粗圓筒狀。直立的蓋子上有美麗的脈紋，呈現左右兩邊捲向內側的形狀。由於基本種為紫紅色，因此有紫瓶子草這樣的日文名稱。原生地的分布區域很廣，分為北方系和南方系，而在亞種和變種之中也有不帶紅色素的種類。初春時會開出深紅色或黃色花朵。

S. purpurea ssp.

S.psittacina var. *okefenokeesis*

Sarracenia psittacina

鸚鵡瓶子草

葉片沿著地面延展、簇生化的小型種。葉片前端膨大
呈球狀，頂端有引誘昆蟲進入的小入口，內側則長有許多
逆毛。葉片基本上都有紅色脈紋，不過也有不帶紅色素的
品種。

S.psittacina 'Giant Form'

捕蟲堇

㉺ 蟲堇的花具有觀賞價值，因而成為
備受歡迎的食蟲植物。屬於小型
種，廣泛分布於全世界的溫帶到亞熱帶地
區。在日本也有自然生長的野捕蟲堇和分
枝捕蟲堇這2種。

簇生化的葉片表面會分泌黏液，用以
沾黏捕捉小昆蟲。一旦蟲子碰觸到葉片的
黏液，所產生的刺激就會使接觸蟲子的腺
毛收縮，令葉片表面微微凹陷，然後消化
液會在凹陷處囤積，開始進行消化吸收。
捕蟲堇透過這樣的機制，在濕地、荒地等
貧瘠土地補充其所缺乏的磷、氮等營養
素。

捕蟲堇為狸藻科的多年生植物，目前
已知約有80種。分為美國捕蟲堇（溫帶低
地型）、墨西哥捕蟲堇（熱帶高山型）、
歐洲捕蟲堇（溫帶高山型）。花朵有紅
色、粉紅色、紫色、白色、黃色等顏色，
另外也有帶有網紋圖案的種類。

捕蟲堇的栽培方式

捕蟲堇之中種類最多、花朵款式最豐富的，是名為墨西哥捕蟲堇的熱帶高山型體系。目前也已培育出許多作為園藝植物的交配種。以下主要介紹墨西哥捕蟲堇的栽培方式。

在日照方面，由於捕蟲堇討厭直射陽光，因此栽培重點是必須遮光30～50%。可以放置在遮光的溫室內，或是室內的明亮窗邊。另外，必須在介質乾燥之前給水，也可以採用腰水法種植。不要讓介質整個泡在水裡，摸起來稍微濕潤的程度最為恰到好處。其次，捕蟲堇喜歡空氣帶有濕度，只要適度噴霧就會長得很好。進入秋天，氣溫逐漸轉涼後，要開始慢慢減少給水量，如此一來捕蟲堇就會長出冬芽，然後休眠。

雖說是熱帶型，但因為自然生長在高山上，所以具備一定程度的耐寒性。冬天只要將環境維持在5℃以上即可安然過冬。問題是夏天的炎熱氣候，如果是室內栽培，必須利用冷氣讓溫度保持在28℃以下。若種植於室外，則要放置在通風良好的明亮陰涼處，盡可能保持環境涼爽。

用來種植的基本介質為水苔，或是使用鹿沼土和泥炭苔的混合土。盆器選擇塑膠盆會比較方便使用。除了盛夏外，其餘時間皆可換盆，不過選在冬天的休眠期進行最為理想。

繁殖方式是葉插和播種。捕蟲堇特別容易用葉插法進行繁殖，一次可以繁殖很多株。從靠近根部的基部取下葉片，然後將基部埋進濕潤的水苔中，大約1個月後就會發芽。生長速度很快，約莫發芽半年後就會發育成親株。最適合進行葉插的時間是4～5月。雖然一般很少使用播種法，不過許多品種都可以採集種子。只要在開花期進行人工授粉，就有可能培育出交配種。

由能夠適應炎夏的純真捕蟲堇,以及
容易栽培的普及種瓦華潘交配而成。
會開出深紫色花朵。

Pinguicula agnata × Kuajuapan
純真捕蟲堇 × 瓦華潘捕蟲堇

Pinguicula agnata 'True Blue'
純真捕蟲堇 'True Blue'

自然生長於墨西哥伊達爾戈州的捕蟲
堇,圓弧形的花瓣邊緣綴有鮮豔的紫
色。具耐暑性的強健品種。

Pinguicula cyclosecta
圓切捕蟲菫

新手也容易栽培成功的墨西哥捕蟲菫。在當地是自然生長於山崖上。小葉片和偏大的花朵為其特徵，會在夏天到秋天這段時間開花。

Pinguicula gypsicola
石灰岩捕蟲菫

這種墨西哥捕蟲菫會長出約3cm的細長葉片，造型十分奇特。春天到初夏這段時間會開出紫色花朵。到了冬天，葉片會以鱗片狀的型態過冬。

Pinguicula emarginata × gypsicola
凹瓣捕蟲堇 × 石灰岩捕蟲堇

凹瓣捕蟲堇和石灰岩捕蟲堇的交配種，
花瓣邊緣有裂痕且帶有網紋圖案。具耐
暑性，容易栽培，如果是群生株會在初
夏開出許多花朵。

Pinguicula moctezumae '*VeryBigFlower*'

墨克提馬捕蟲堇
'Very Big Flower'

在墨西哥中部的墨克提馬溪谷發現的品種。
葉片呈細長的披針形，會開出亮粉色的大
花。只要保持適當的溫度和濕度，花朵就會
全年綻放。

Pinguicula sp. '*Sumidero*'

蘇米德羅捕蟲堇

在墨西哥的蘇米德羅國家公園採集到的捕蟲
堇。有2種系統，花的形狀各不相同。容易
栽培。

Pinguicula moctezumae × *Kuajuapan*

墨克提馬捕蟲堇
× 瓦華潘捕蟲堇

由新品種的墨克提馬捕蟲堇，以及墨蘭捕蟲堇
類的栽培種瓦華潘捕蟲堇交配而成。鮮豔的花
色十分引人注目。

Pinguicula gracilis
纖細捕蟲堇

這個品種會開出清純的白色花朵，比較不耐酷暑。生長期間需要照射明亮的陽光。

自然生長在海拔1000m左右的山地上。和純真捕蟲堇是近親，屬於不會形成冬芽的類型。白色花朵的邊緣綴有深紫色。

Pinguicula Ibarrae
立伯瑞捕蟲堇

Pinguicula planifolia
寬葉捕蟲堇

自然生長於北美的墨西哥捕蟲堇。特徵是花朵呈淺粉紅色，葉片帶紅色。能適應寒冷的冬季，容易栽培。

狸藻

狸藻自然生長在水源豐富的濕地或水中，是狸藻科的食蟲植物。水生種為狸藻類，地生種和附生種則被分類為挖耳草類。廣泛分布於全世界的溫帶到熱帶地區，目前已知共有200種以上。

挖耳草類的捕蟲功能位於地底，葉片或莖根部的根莖有小小的袋狀捕蟲囊。一旦蟲子碰觸到捕蟲囊附近的感覺毛，就會利用和滴管相同的原理，將蟲子和水一起吸進來。狸藻類的捕蟲機制也相同，會將水蚤等微生物吸進來消化吸收。

特徵是地面上會開出可愛的小花，能夠享受欣賞清純花朵的樂趣。尤其挖耳草類的品種眾多，花朵的外觀更是各異其趣。在日本除了挖耳草外，也有自然生長的短梗挖耳草、齒萼挖耳草、狸藻、絲葉狸藻等等。

狸藻的栽培方式

　　狸藻分為生長在濕地的挖耳草類和水生的狸藻類。挖耳草類之中，除了會開出清純小花的種類外，也有自然生長於南美、會開出如蘭花般大型花朵的附生種。

　　挖耳草類中，如果是日本產的種類，可以全年置於室外種植，但如果是原產於溫暖地區到熱帶地區的種類，則因為不耐冬季的寒冷氣候，必須置於室內或溫室內栽培。此外，由於植株嬌小，經常被放進玻璃容器中當做玻璃盆栽與沼澤缸的素材。

　　這種類型的食蟲植物多半喜歡日照，因此如果是室內栽培，必須擺放在有自然光照射的窗邊，或是利用高亮度的LED燈栽種。另外，因為棲息於濕地的挖耳草類喜歡水，所以基本上要採取腰水法種植。栽培介質是使用水苔或泥炭苔。只要種在2～3號的小盆器中，葉片就會密

生，花也會開得很漂亮。

　　亞熱帶到熱帶型的挖耳草類，冬季時只需移入室內、玻璃缸或溫室中，並且將環境維持在10℃以上，就能順利生長。濕地型的挖耳草類因為多半繁殖力旺盛，可以利用分株方式輕易繁殖。只要適度摘除底草，種植在水苔或泥炭苔中，過不了多久就會固著生長。

　　另一方面，狸藻類因為是水生種，所以要用水盆等裝水容器栽培。最好選擇寬30cm以上，高度也達30cm以上的容器。使用赤玉土或荒木田土作為栽培介質，放入容器底部。擺放在日照充足，並且幾週後會自然產生水蚤等微生物的環境最為理想。將少量稻草切碎放進去，會更容易打造出適合生長的環境。之後就可以將狸藻放入水中種植。

Utricularia sandersonii

桑德森狸藻

日文名稱為小白兔狸藻。外型酷似小白兔的可愛花朵很受歡迎。原產於南非，屬於體質強健的品種。亦具有耐寒性，只要不到會結凍的程度就能在戶外過冬。

Utricularia minutissima
斜果狸藻

廣泛分布於東南亞等熱帶地區。會開出深紫色花朵。耐寒性相對強，只要將環境維持在5℃以上即可順利生長。

Utricularia livida
利維達狸藻

原產於非洲南部和馬達加斯加的挖耳草類。花朵從白色到淺紫色都有。體質強健且容易栽培，如果是日本關東以南的地區，可以全年都種植在戶外。

Utricularia gibba
絲葉狸藻

浮游於水中的一種狸藻類，日文名稱為大花糸狸藻。分布在南北美和非洲，是在日本的沼澤中也能見到的外來種。體質強健且容易栽培。建議和挺水植物一起種在水盆裡。

下圖左起依序為

Utricularia dichotoma
雙岔狸藻

原產於大洋洲的挖耳草類。紫色花朵在挖耳草類中相對較大。

Utricularia blanchetii
布蘭切特狸藻

自然生長在巴西海拔略高的地方。淺紫色的清純花朵帶有淡淡的香甜氣味。

Utricularia graminifolia
禾葉狸藻

主要自然生長在東南亞的狸藻。在狸藻中被稱為水草皮，可在水中生長發育。

土瓶草

　　僅自然生長於澳洲西南部的多年生草本，是1科1屬1種的稀有食蟲植物。短莖的前端會結出袋狀的小捕蟲葉，並在這個袋子裡囤積消化液，消化吸收掉入的蟲。日文名稱袋雪下的由來，是因為土瓶草的蓋子長得和雪下（虎耳草）的葉子很相似。像是袋子會變大、顏色偏黑等等，目前已培育出好幾個栽培品種。雖然喜歡日照，但夏天必須遮光種植，冬天則要移入室內。

Cephalotus follicularis

CEPHALOTUS

太陽瓶子草

屬於瓶子草科，是原產於南美的食蟲植物，目前已知約有20種。自然生長於蓋亞那高原的桌山上，生存在海拔高但雨量多且濕度高的地方。筒狀葉片的末端有湯匙狀的小蓋子，利用位於此處的蜜腺吸引蟲子前來。因為討厭夏天的直射陽光，必須遮光50%左右。冬天最好移入溫室或水槽內，並且保持10°C以上的溫度。和瓶子草（*Sarracenia*）一樣以分株方式繁殖。

Heliamphora minor

HELIAMPHORA

Brocchinia reducta

布洛鳳梨

　　鳳梨科（Bromeliad）的食
蟲植物。僅布洛鳳梨屬的 *reducta*
和 *hectioides* 這2種被視為食蟲植
物。雖然自然生長在南美的蓋亞
那高原上，卻耐高溫且容易栽
培。由於也耐乾燥，因此不採用
腰水法也沒問題。只不過，在筒
狀葉片中儲水這一點非常重要。
冬天最好將環境溫度維持在10℃
以上。

BROCCHINIA

ALDROVANDA

貉藻

　　屬於水生種的食蟲植物，曾經分布於世界各地，但如今許多原生地都已經消失。葉片前端有雙殼貝狀的捕蟲器，水蚤等生物只要碰觸到其內側，捕蟲器就會立刻閉合加以捕捉。冬天時，前端會長出冬芽，然後沉入水底。葉片的顏色有綠色系和紅色系。

Aldrovanda vesiculosa

DROSOPHYLLUM

露葉毛氈苔

　　自然生長在西班牙、葡萄牙、摩洛哥的乾燥荒地上。葉片上的腺毛會分泌黏液，沾黏蟲子後進行消化吸收。分枝的花莖會開出黃色花朵。必須種植在日照充足的地方。耐乾燥且體質強健，容易栽培。

Drosophyllum lusitanicum

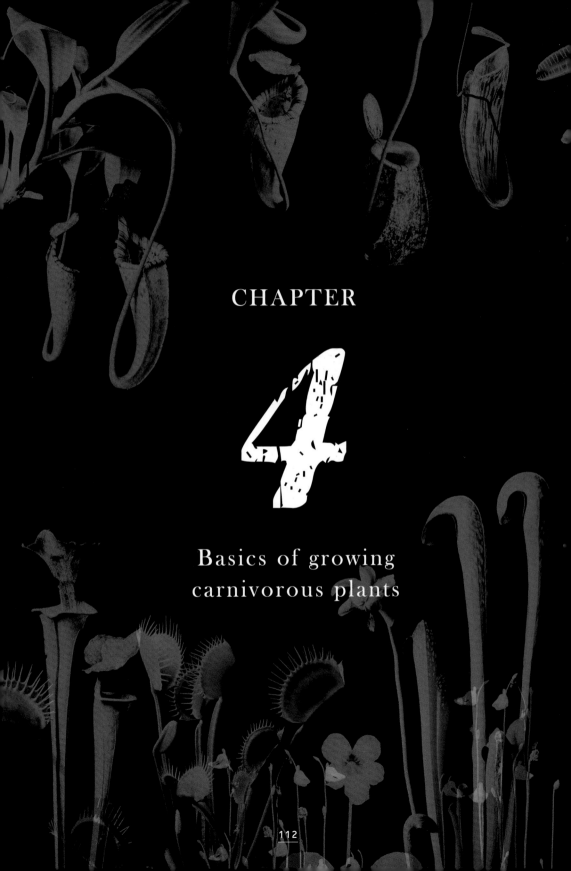

CHAPTER

4

Basics of growing
carnivorous plants

食蟲植物
基本栽培知識

食蟲植物的特質和普通花草不同,如果用一般
園藝種的方式栽培很有可能會出狀況。像是介
質的種類、放置地點、給水方式等等,必須用
專為食蟲植物量身打造的方式種植。以下介紹
基本的栽培知識。

食蟲植物的名稱

BE-3175 S　2020/01
N.spathulata

BE-3709 Ssize 2019/09
N.maxima x
N.(lowii x macrophylla)

放在食蟲植物幼苗旁邊的標籤上，寫有能夠看出是什麼種的重要資訊。「N.」是 *Nepenthes* 的縮寫，由此可知這是豬籠草屬的 *spathulata* 種。

交配種豬籠草的標籤。雌株是大豬籠草，雄株是勞氏豬籠草和大葉豬籠草的交配種。即便是複雜的交配種，只要確實標示，就能讓種的資料一目了然。

標籤上除了種小名外，最好也要記錄是從哪裡取得以及取得的年月日。

HIPS
ヒーロ―ズ ピッチャー プランツ
web：hiros-pitcherplants.com

在日本，植物的稱呼雖然也經常使用俗名和日文名稱，不過以食蟲植物來說，一般主要還是使用學名。學名是進行生物分類時所使用的世界通用學術名稱，由瑞典生物學家林奈確立。命名的方法和形式是依照國際命名法規決定，以拉丁文書寫。

也包含植物在內的生物分為界、門、綱、目、科、屬、種這7個層級，種的學名是以「屬名＋種小名」標示（二名法）。只有屬名的開頭字母為大寫，屬名和種小名之間以半形空格分

Nepenthes alata

屬名　　　　　種小名

Nepenthes 屬 的 *alata* 種（上）和
Sarracenia 屬的 *alata* 種（下）。只有
種小名的話，無法確定是什麼種。

Sarracenia alata

屬名　　　　　種小名

Dionaea muscipula 'Red Green'

屬名　　　　　種小名　　　　　園藝品種名

Dionaea muscipula（捕蠅草）中名為 Red Green 的園藝品種。

S. flava var. *rogelii*　　*Sarracenia flava* 中名為 *rogelii* 的變種。

屬名　　種小名　　　　　　變種名
（縮寫）

variant 的縮寫。表示變種的符號，以正體標示。

開，並且用斜體字標示。另外，由於只
要屬不一樣就可以使用相同的種小名，
因此如果沒有標示屬名就無法確定是什
麼種。已經出現過的屬名只要沒有和其
他學名的開頭字母重複，即可使用縮寫
（*Nepenthes* 以 *N.* 標示）。假使無法確認
是什麼種，就用「sp.」來取代種小名。
如果可以確認有好幾個，就用複數形的
「spp.」來取代。

　　其次，在種的下面有名為亞種的分
類群。亞種是同一物種生活在不同地區
的近親群體，以屬名＋種小名＋亞種名

標示。假如以亞種來說差異太小，卻又
存在可以區別的差異，則稱為變種。這
時，會在變種名前面加上「var.」的縮
寫符號。

　　園藝品種的正式標示方式是屬名＋
種小名＋'園藝品種名'，並且前後要
加上撇號。開頭字母為大寫，以正體而
非斜體書寫。如果是由不同種交配而
成，則會標示成屬名＋雌株的種小名×
屬名＋雄株的種小名。

盆器和栽培介質

園藝使用的盆器有素燒盆、陶盆等各式各樣的種類。基本上無論使用哪一種都可以，不過栽培食蟲植物的時候，通常會使用能夠抑制介質乾燥的塑膠盆。尤其瓶子草、捕蠅草、土瓶草的根會筆直向下延伸，最好選擇縱長的深盆。

栽培介質基本上是使用水苔。水苔堪稱是最適合用來重現濕地環境的材料。茅膏菜、捕蟲菫、捕蠅草等，則要用水苔將根的周圍包起來種植。另外，栽培豬籠草時經常會使用小粒的鹿沼土。鹿沼土的顆粒不易崩散，排水和保水性佳，同時具備換盆頻率比水苔少的優點。瓶子草有時也會使用在泥炭苔中混入鹿沼土的介質。

下方側邊有縫隙的塑膠盆。透氣性好，有助於根部生長。

栽培蔓性豬籠草必備的吊鉤。植株長大後要將盆器吊起來種植。

水苔

栽培食蟲植物時，最為廣泛使用的基本介質。紐西蘭生產的水苔品質佳，使用方便。

鹿沼土

用來栽培豬籠草等。左邊的尺寸為顆粒，右邊是小粒。在盆底放入小粒或中粒尺寸，然後用較小的顆粒種植。

泥炭苔＋鹿沼土

種植瓶子草時，基本上是使用混合等量泥炭苔和小粒鹿沼土的介質。

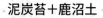

椰殼

只要在盆土表面鋪滿椰殼，給水時小顆粒的鹿沼土就不會移動。

LESSON 3

種植

種植捕蠅草

1. 裝在塑膠盆中販售的捕蠅草。

2. 取下盆器。多半是用泥炭苔等介質種植。

3. 將根放進水中，去除介質。

4. 植株的根部有根莖，確認新芽冒出的方向。

5. 用水苔覆蓋住根。重點是要讓生長點位於盆器中央。

6. 加上水苔以確實固定植株，種入盆內。

7. 寫上標籤並給予充足水分，然後擺放在日照充足的場所。

豬籠草的換盆

1. 替長大的植株換盆。種類是葫蘆豬籠草和蘋果豬籠草的交配種。

2. 首先用剪刀剪去枯萎的葉子和囊袋。

3. 小心地將植株從塑膠盆中取出。

4. 用手去除沾附在根上的介質。要盡可能清除舊土。

5. 去除舊土的植株。豬籠草的根較細，不太發達。

6. 確認種入植株的高度。種深一點會比較穩定。

7. 準備大一點的盆器，放入小粒鹿沼土。

8. 將植株置入盆器後，從旁邊放入鹿沼土顆粒。

9. 在土壤表面鋪滿椰殼。如此給水時鹿沼土才不會移動。

10. 完成換盆。最好將莖置於盆器中央，並且種深一點。

11. 不要忘了放上標籤。

12. 給予充足水分後裝上吊鉤，將盆器吊起來種植。

　　捕蠅草、茅膏菜、捕蟲菫等，只要用水苔種植即可。因為這類食蟲植物的根多半纖細又脆弱，最好用水苔溫柔地將根包起來栽種。至於豬籠草，基本上是用鹿沼土種植。另外，由於所有食蟲植物可以說都是生長在貧瘠的土地上，因此不需要特別施肥，也沒有必要刻意餵食蟲子。只靠光合作用和吸收水分就能長得非常漂亮。

LESSON 4

日照

溫室栽培的豬籠草。基本上全年都要種植在日照充足的地方,不過也有一些種類夏天需要遮光。

生長在濕地的瓶子草非常喜歡陽光。

整體而言,喜歡日照是食蟲植物的一大特徵。關於這一點,只要考慮到其原生地的環境,就能輕易了解原因。食蟲植物的捕蟲功能是為了在貧瘠土地上生存而演化出來的,那種地方不僅其他植物很難存活,遮蔽物也不多,因此經常會照射到陽光。

如果根據食蟲植物的奇特外觀而誤以為它們是悄悄生長在叢林深處的陰暗場所,並將其種植在陰涼處的話,那是絕對種不成功的。

最理想的做法是將它們擺放在一整天都能照到直射陽光的地方。如果種在缺乏日照的場所,莖和葉就會徒長而變得細長,並且還會褪色。只不過,豬籠草因為是自然生長在熱帶地區的山地,

所以有些品種討厭夏天的強烈直射陽光,這一點須特別留意。

另外,保持通風也很重要。尤其梅雨季節和夏季容易悶熱,因此最好讓植株之間保持足夠的距離,以及在溫室內開風扇。

還有,為減輕害蟲產生的風險,盆器不要直接放在地面上,擺在花台或栽培架上會比較安心。

冬季時,耐寒的種類可以直接放在室外,熱帶型種類則需要移到室內或溫室,並做好保暖和保濕的工作。

LESSON 5

給水

在淺盤中裝水，再從盆底給水的腰水法。

豬籠草一般不會使用腰水法，而是等到表土乾了再用澆水器給水。

　　栽培食蟲植物時，給水也是其中非常重要的一環。

　　由於多數食蟲植物都生長在濕地，喜歡水的傾向強烈，因此做好管理使其不乾燥缺水非常重要。最輕鬆簡單的方式是腰水法。在底部的淺盤中盛裝高度約2～3cm的水，將盆器浸在裡面。這種方式是從盆底的洞給水，不需要頻繁地澆水。但如果可以時常給水，就沒有必要採用腰水法。

　　倘若採取腰水法，只需在底部盤子裡的水減少時補水，避免讓水完全乾涸就好。

　　尤其夏季連日高溫的時候，水分容易蒸發，而正值生長期的植物也會吸收大量水分，因此要特別留意補充。另外，也要注意腰水的水不可以太深。如果為了讓給水變得輕鬆，就用很深的容器進行腰水法，將導致盆器內過於潮濕，根部也可能因此無法呼吸而腐爛。假使無法頻繁地照顧，建議設置自動灑水器，定時給水。

LESSON 6

繁殖方式

豬籠草的扦插

1. 植株（Kihachijo）長大後，利用它長長的莖進行扦插。

2. 剪下長長的莖。

3. 留下會冒出新芽的生長點，從其上方約2㎝處剪斷。

繁殖豬籠草時，一般最常使用的方式是扦插。將長長的莖剪下之後，做成約15cm的插穗，插入介質中。

豬籠草發芽點的特徵，在於它位於葉片根部稍微上方的位置。留下大約2節，在想要使其發芽的生長點上方約1～2cm處用剪刀剪斷。這個步驟最好在裝了水的水桶中進行。栽培介質是使用小粒的鹿沼土。首先，確定插穗的上下方向無誤，然後確認發芽的方向，種入土中。標籤上除了種小名外，最好也要寫上扦插的日期。

雖然會隨季節而異，不過大致都會在約1個月後發芽，約2個月後發根。如果是插在大盆器或育苗盤中，發根後必須分別定植在盆器內。種植後，要在明亮的陰涼處擺放一陣子，並且留意不可乾燥缺水。

除此之外，使其開花後採集種子、撒種育苗的播種法也是常用的繁殖方式。好處是一次可以種出很多苗，但因為要花很長的時間培育，發芽之前的管

4. 為防止水分蒸散，葉片要剪到剩下三分之一左右。

5. 製作插穗的長莖。留下2節，其餘剪掉。

6. 製作插穗。在水中從葉片根部的生長點上方剪斷。

7. 準備塑膠盆和鹿沼土，種入插穗。

8. 種的時候，要留意冒出新芽的方向，斜向種植。別忘了放上標籤。

9. 為避免乾燥缺水，在發芽之前要採取腰水法。

豬籠草的播種法

左邊是雄花，右邊是授粉後的雌花。

豬籠草的種子呈細長的線狀。能夠乘著風飛到遠處。

將種子撒在濕潤的泥炭苔上。不需要覆土。

大約1個月後就會發芽。

會先長出雙子葉再長出本葉，而且還能看到本葉前端有小囊袋。

理和照顧幼苗又頗費工夫，所以不太適合新手嘗試。如果是栽培老手，有不少人還會讓不同種交配以追求嶄新表現。

豬籠草是雌雄異株，因此只有當兩者同時開花時才有辦法授粉。雌花沾染上雄花的花粉授粉成功後，雌花的子房會膨脹，之後就能採集到細長的線狀種子。

種子的發芽溫度是20℃以上，因此考慮到育苗的時間，最好使其在6～7月發芽。栽培介質是使用泥炭苔，並且採用腰水法以防止乾燥缺水。

瓶子草的分株

1. 長成很大一株的瓶子草。一旦盤根就無法順利生長。

2. 取下盆器，在水中去除根上黏附的土。

3. 一邊確認根莖的生長點，一邊用手小心地分株。

4. 將植株分成適當大小。

5. 用水苔包覆分好的植株根部。

6. 種入盆器中，用水苔塞得稍微緊一點。

7. 較大的植株要用混合了泥炭苔和鹿沼土的介質種植。根莖的生長點要位於盆器中央。

8. 長葉片要用支柱固定。最好暫時採取腰水法。

　　發芽後，在長出幾片本葉之前要適度間拔，等到長出5片以上的葉子時再種入盆器中。

　　除此之外，分株、根插、葉插也是食蟲植物的代表性繁殖方式。瓶子草可以用分株方式輕易繁殖。做法為：用手分開長大的植株根部，分別種植。分株最好在冬天的休眠期進行。捕蟲堇則建議採用葉插法。除了盛夏外，其餘時間都能繁殖。

INDEX

食蟲植物苗圃介紹

Hiro's Pitcher Plants

1

3   4

2

1. Hiro's Pitcher Plants 占地廣大，種植了許多品種的食蟲植物。
中央是代表鈴木廣司先生。　　2. 從原生種到交配種，育有各式品
種的幼苗。　　3. 360坪的土地上蓋了13間溫室。　　4. 在山梨食
蟲植物高峰會上舉辦講習會的情形。

在日本山梨縣北杜市設有農場的
Hiro's Pitcher Plants，是專門培育食蟲
植物的知名苗圃。園內育有豬籠草、瓶
子草、捕蠅草、茅膏菜、狸藻等的幼
苗，其特長在於不是大量生產一般種，
而是培育各式各樣不同的品種。充分發
揮各品種特色的販售風格不僅為商品增
添附加價值，還能回應廣大愛好者的各

種需求。園方尤其致力於豬籠草的栽
培，其中甚至有許多令高地種豬籠草愛
好者垂涎三尺的品種。

除此之外，代表鈴木廣司先生還成
立日本豬籠草協會，為提升栽培技術而
舉辦豬籠草的品評會。預計今後將學習
洋蘭，製作清楚易懂的交配種分類名
單。

Hiro's Pitcher Plants
山梨縣北杜市大泉町西井出4856
https://hiros-pitcherplants.com

HIROSE PET谷津店
千葉縣習志野市谷津4-8-48
https://hirose-pet.com

● 攝影協力

大西舜悟
中村英二

● 參考文獻

カラー版 食虫植物図鑑（家之光協會）
カラーブックス 食虫植物（保育社）
世界の食虫植物図鑑（日本文藝社）
食虫植物育て方ノート（白夜書房）
マジカルプランツ（山與溪谷社）
サラセニア・アレンジブック（誠文堂新光社）

● 日文版STAFF

內文設計	平野 威
攝影	平野 威
編輯・撰文	平野 威
	（平野編集製作事務所）
企劃	鶴田賢二
	（クレインワイズ）

珍奇食蟲植物圖鑑

品種特性×植栽照護，打造充滿個性的庭園

2025年2月1日初版第一刷發行

監　　　修	鈴木廣司
攝影・編輯	平野威
譯　　　者	曹茹蘋
特約編輯	劉泓葳
副主編	劉皓如
美術編輯	黃瀞瑢
發 行 人	若森稔雄
發 行 所	台灣東販股份有限公司
	＜地址＞台北市南京東路4段130號2F-1
	＜電話＞（02）2577-8878
	＜傳真＞（02）2577-8896
	＜網址＞https://www.tohan.com.tw
郵 撥 帳 號	1405049-4
法 律 顧 問	蕭雄淋律師
總 經 銷	聯合發行股份有限公司
	＜電話＞（02）2917-8022

著作權所有，禁止翻印轉載。
購買本書者，如遇缺頁或裝訂錯誤，
請寄回更換（海外地區除外）。
Printed in Taiwan

SHOKUCHU SHOKUBUTSU - FUSHIGINA
SEITAI TO HINSHU NO UTSUKUSHISA SAIBAI
NO KIHON GA WAKARU NYUMON GUIDE
© HIROSHI SUZUKI 2021
© TAKERU HIRANO 2021
Originally published in Japan in 2021 by
KASAKURA PUBLISHING Co. Ltd.,TOKYO.
Traditional Chinese translation rights arranged
with KASAKURA PUBLISHING Co. Ltd.,TOKYO,
through TOHAN CORPORATION, TOKYO.

國家圖書館出版品預行編目（CIP）資料

珍奇食蟲植物圖鑑：品種特性×植栽照護,打造充
滿個性的庭園/鈴木廣司監修；曹茹蘋譯. -- 初版.
-- 臺北市：臺灣東販股份有限公司, 2025.02
128面；16.3×23公分
ISBN 978-626-379-738-3（平裝）

1.CST: 草本植物 2.CST: 栽培

435.49　　　　　　　　　　　　　113019594